I0463434

Armand de Quatrefages

Le Ver à soie

Science

Le code de la propriété intellectuelle du 1er juillet 1992 interdit en effet expressément la photocopie à usage collectif sans autorisation des ayants droit. Or, cette pratique s'est généralisée dans les établissements d'enseignement supérieur, provoquant une baisse brutale des achats de livres et de revues, au point que la possibilité même pour les auteurs de créer des œuvres nouvelles et de les faire éditer correctement est aujourd'hui menacée. En application de la loi du 11 mars 1957, il est interdit de reproduire intégralement ou partiellement le présent ouvrage, sur quelque support que ce soir, sans autorisation de l'Éditeur ou du Centre Français d'Exploitation du Droit de Copie , 20, rue Grands Augustins, 75006 Paris.

ISBN : 978-1542988971

10 9 8 7 6 5 4 3 2 1

Armand de Quatrefages

Le Ver à soie

Science

Table de Matières

Introduction

Qui ne connaît le *bombyx mori* des naturalistes, le ver à soie de tout le monde ? qui ne sait qu'en cela, semblable à tous les lépidoptères, cet insecte, successivement chenille, chrysalide et papillon, parcourt en quelque sorte trois existences différentes ? qui ne sait encore que, vers la fin de la première période de cette singulière vie, la chenille, comme si elle sentait approcher le sommeil merveilleux pendant lequel l'organisme subit une refonte complète, tisse son cocon, ou, en d'autres termes, s'enveloppe d'une sorte de peloton creux enroulé de dehors en dedans, et dont le fil, mesuré par Malpighi et Lyonnet, n'a pas moins de 300 mètres de long ? A qui est-il besoin de rappeler que ce peloton, dévidé, filé, mouliné, ouvré par des procédés de plus en plus parfaits, se transforme successivement en soie grège, en organsin, et produit en définitive ces tissus qui, modestes ou riches, élégants ou somptueux, ont porté dans l'univers entier les noms de Lyon, de Saint-Etienne, de Nîmes, et sont une des gloires les plus incontestées de la France industrielle ?

On connaît généralement beaucoup moins l'histoire de la sériciculture, c'est-à-dire de l'art d'élever, d'utiliser ce précieux insecte, et pourtant elle nous présente un intérêt puissant, des enseignements bien dignes d'être médités. Confinés pendant nous ne savons combien de siècles dans l'extrême Orient, le ver à soie et le mûrier, ces deux compagnons inséparables, partent un jour de leur lointaine patrie et commencent un voyage, ou mieux une conquête pacifique, qui d'étape en étape leur a fait accomplir le tour du monde. Partout ils apportent aux nations qui les accueillent des éléments nouveaux de prospérité : ils changent en bien-être, en richesse peut-on dire, la pauvreté séculaire de populations entières ; ils activent le commerce et lui créent des branches nouvelles ; ils surexcitent l'esprit d'invention et lui font accomplir des prodiges. Ces bienfaits, il est vrai, ont leurs dangers pour ceux qui les acceptent avec imprévoyance, et prennent l'habitude d'évaluer toujours les succès du lendemain d'après ceux de la veille. Comme toutes les industries, celles qui se rattachent à l'exploitation du mûrier et du ver à soie ont leurs périodes de prospérité et leurs jours de revers. La sériciculture a donc eu parfois à payer un douloureux tribut ;

Armand de Quatrefages

elle traverse en ce moment une épreuve terrible. Rappeler ce qu'elle a été dans les siècles passés, ce qu'elle était devenue en France, dire ce qu'elle est aujourd'hui, ce qu'elle peut espérer ou craindre dans l'avenir, tel est le but de ce travail [1].

Section I

Quelle est la patrie première du ver à soie ? En réponse à cette question, la plupart des naturalistes, et Latreille en tête, n'hésitent pas à désigner la Chine septentrionale ; mais peut-être cette indication est-elle trop restreinte. Si les *King* nous montrent la sériciculture déjà existante dans les temps à demi fabuleux des Yao et des Chun, le code de Manou nous enseigne que les Aryens connaissaient la soie à une époque bien reculée aussi. La recevaient-ils tout ouvrée des mains des Chinois, ou bien avaient-ils emprunté à ces derniers l'insecte qui la produit et les enseignements séricicoles nécessaires ? Cette dernière opinion est généralement adoptée ; elle se fonde principalement sur la croyance que le mûrier, auquel se rattache intimement l'existence du *bombyx mori*, ne vit à l'état sauvage que dans le nord de la Chine. C'est de là, pensait-on, que l'arbre et l'insecte auraient été transportés dans l'Inde, où la culture seule les aurait propagés. Depuis quelques années cependant, l'aire d'habitation du mûrier sauvage s'est considérablement étendue. Les Anglais l'ont rencontré sur les pentes de l'Himalaya oriental, et tout récemment M. À Bunge, professeur à Dorpat, vient de le découvrir en Perse. Il n'y aurait donc rien d'étonnant à ce que le ver à soie fût originaire des régions élevées de l'Inde aussi bien que des plaines arrosées par le fleuve Jaune, et que les Aryens de l'Inde eussent trouvé la sériciculture tout aussi bien que les Chinois.

Ces derniers font remonter à l'antiquité la plus reculée leurs titres de premiers inventeurs. À en croire les lettrés, Fou-hi, l'empereur au corps de dragon et à la tête de bœuf, aurait imaginé deux instruments de musique dont les cordes étaient en soie, et cela 3,400 ans environ avant l'ère chrétienne ; mais ce fait, fût-il prouvé, n'impliquerait pas que dès cette époque la sériciculture fût née. Avant de cultiver le mûrier et de bâtir des magnaneries, on a dû, pendant des siècles sans doute, se contenter de récolter les cocons déposés sur les arbres. Les traditions chinoises s'accordent pleinement avec cette hypothèse, indiquée par le bon sens. C'est en effet au règne de Hoang-ti, 2650 ans seulement avant notre ère, qu'elles rapportent les premiers essais d'éducation domestique du ver à soie ; elles ajoutent que cette innovation fut due à l'impératrice Si-ling-chi, qui découvrit aussi et enseigna à ses sujets l'art de filer le cocon et de tisser la soie. Qu'y a-t-il d'exact dans ces antiques récits ? Je l'ignore, mais j'aime à croire vraie une légende qui attribue à une femme l'invention des soieries. On pourrait peut-être invoquer en faveur de cette tradition populaire le témoignage des autres légendes qui ont consacré le souvenir de Si-ling-chi par une sorte d'apothéose, et élevé l'épouse de Hoang-ti au rang des génies sous le nom de Sien-thsan (*la première qui a élevé des vers à soie*).

L'utilité des insectes une fois connue, l'arbre qui les nourrit dut appeler bien vite l'attention d'un peuple aussi industrieux que les Chinois. La culture du mûrier prit sans doute naissance vers cette époque ; elle acquit promptement une importance qu'attestent quelques-uns des plus anciens documents historiques. En énumérant les travaux entrepris par Yu pour remédier aux désastres du grand déluge de Yao et pour faire écouler les eaux, le *Chouking* nous apprend que, dans la province de Yen, aujourd'hui Changtoung, deux bras de fleuve furent réunis et qu'on put alors *planter des mûriers*, nourrir des vers à soie et descendre des hauteurs pour habiter les plaines. Ces travaux, dont on peut étudier encore aujourd'hui d'admirables restes, s'exécutaient 2286 ans avant notre ère, un millier d'années environ avant la prise de Troie !

Parties de la Chine, les soieries se répandirent bientôt, par le commerce, en Asie d'abord, et enfin bien plus tard en Europe. Dans son curieux mémoire sur le *commerce de la soie chez les anciens*, M. Pardessus a montré que dès le temps d'Ézéchiel, 600 ans environ avant notre ère, la soie entrait dans la parure des femmes chez les Juifs, et que les vêtements appelés *médiques* par Hérodote et Xénophon étaient tissus de la même matière. On comprend que les étoffes de soie ne tardèrent pas à être connues des Grecs, mais il paraît qu'elles pénétrèrent bien plus tard dans le reste de l'Europe. L'auteur que nous venons de citer croit qu'on en vit pour la première fois à Rome lors des jeux donnés par César, 46 ans seulement avant notre ère, ou tout au plus quelques années auparavant, d'après un passage de Varron. Les soieries furent d'ailleurs pendant des siècles d'une rareté extrême et d'un prix excessif. Sous Aurélien, elles valaient précisément autant que l'or, poids pour poids, si bien que le vainqueur de Zénobie refusait à une impératrice romaine, comme une parure trop chère, une de ces robes de soie que porte aujourd'hui la moindre grisette endimanchée (270-275). C'est que les Chinois, jaloux de conserver un monopole qui rendait tributaires de leur industrie tous les peuples civilisés, avaient pris des précautions sévères pour que le ver à soie restât confiné dans le Céleste-Empire. Des gardes, de véritables douaniers, veillaient aux frontières pour empêcher l'exportation des œufs du précieux insecte, et des peines très sévères, la mort même, dit-on, menaçaient quiconque aurait tenté de violer la loi. Les étoffes seules avaient droit de passage. La sortie même des soies filées, des soies grèges, comme nous dirions aujourd'hui, paraît avoir été prohibée. Pline ne les a pas connues, et nous apprend que de son temps la Phénicie et la Babylonie ne recevaient que des tissus déjà ouvrés. Aussi les savants de l'antiquité ignorèrent-ils tous la véritable nature de la soie. Aristote a bien décrit les métamorphoses d'un ver à soie ; mais il ne s'agit pas du nôtre : il a voulu parler d'une autre chenille qui vit dans les îles de l'Archipel, sur les cyprès et les térébinthes, et dont le cocon était employé pour tisser des vêtements légers destinés aux hommes. Quant à la véritable soie, qu'il appelle *soie abyssinienne*, elle était réservée pour la parure des femmes. Pour Aristote, pour Pline et leurs successeurs, celle-ci fut longtemps encore une sorte de duvet qu'on croyait fourni par un arbre, à peu près sans doute comme le coton. Pausanias, il est vrai, lui attribuait une origine animale ; mais le célèbre historien regardait encore, vers la fin du IIe siècle, les étoffes de soie comme tissées par une araignée sur laquelle il donne même quelques détails. Il faut remonter jusqu'au IVe siècle, et à saint Basile, pour trouver dans une phrase de ses *Homélies* des traces de notions exactes sur le ver à soie, ses métamorphoses et son industrie.

Ce fut encore une femme qui, la première, dit-on, parvint à enfreindre les lois de la Chine, et qui fit franchir au ver à soie et au mûrier la barrière élevée par l'intérêt. Vers l'an 140 avant notre ère, une princesse de la dynastie des Han, fiancée à un roi de Khotan, contrée située vers le centre de l'Asie, dans la Petite-Boukharie, apprit avec terreur qu'il n'y avait dans ce pays ni mûriers ni vers à soie. Plutôt que de renoncer à l'un et à l'autre, elle ne craignit pas d'exposer sa liberté ou sa vie. En partant pour aller joindre son époux, elle cacha des graines et des œufs sous son bonnet. Les gardes n'ayant pas osé déranger la coiffure d'un membre de la famille impériale, œufs et graines arrivèrent à bon port. Tous deux prospérèrent à souhait dans leur nouvelle patrie, et se répandirent peu à peu en tout sens. L'exemple des Chinois trouva des imitateurs. À mesure que la sériciculture s'introduisait par surprise ou autrement dans une nouvelle contrée, chaque souverain cherchait à s'assurer les bénéfices d'une possession exclusive, si bien qu'au VIe siècle cette industrie n'avait pas encore pénétré en Europe. À cette époque, en 552, deux religieux de l'ordre de Saint-Basile, plus courageux encore que la princesse chinoise, apportèrent à Constantinople et remirent à l'empereur Justinien les roseaux renfermant entre leurs nœuds les œufs de vers à soie et les graines de mûrier blanc qu'ils avaient apportés au péril de leur vie de Sérinde, cette capitale problématique de la Sérique des anciens.

La sériciculture prit un développement rapide en Grèce, et surtout dans l'ancien Péloponèse, à qui ses plantations nombreuses de mûriers valurent le nom moderne de Morée ; mais elle fut lente à se répandre dans le reste de l'Europe. Au VIIIe siècle, les Arabes la firent pénétrer en Espagne. Cependant ils n'apportèrent avec eux que le mûrier noir. Le mûrier blanc, bien plus propre à l'élevage des vers à soie, demeura longtemps encore confiné en Grèce. En 1146, Roger II en introduisit la culture dans ses états, c'est-à-dire dans la Sicile et les Calabres. L'Italie méridionale adopta assez vite cette nouvelle culture, qui gagna de proche en proche ; mais ce n'est que vers le milieu du XVe siècle qu'elle atteignit la Toscane, la Haute-Italie et le Piémont. À cette époque, la sériciculture était déjà connue en France.

Les autres états de l'Europe suivirent de loin ces exemples. Dès la fin du XVIe siècle, Elisabeth tenta d'introduire le mûrier en Angleterre, et elle fut imitée par ses successeurs ; mais, faute peut-être d'un peu de persévérance, ces essais n'eurent aucun résultat. À peu près à la même époque (1593-1595), la duchesse d'Aschot planta des mûriers aux environs de Leyde, éleva des vers à soie, et fit tisser avec les cocons de sa récolte « .des habits que ses demoiselles ont portés, avec esbahissement de ceux qui les ont veus, à cause de la froidure du pays. » Encouragés sans doute par cet exemple, les archiducs Albert et Isabelle accordèrent, en 1607, à Thomas Grammayes, échevin de Bruges, des lettres patentes pour la plantation de cent mille pieds de mûriers blancs. Plus tard, la révocation de l'édit de Nantes dispersa dans l'Europe entière une foule de familles provençales ou languedociennes qui s'efforcèrent de naturaliser partout leur industrie de prédilection. Des tentatives furent faites dans cette direction jusqu'en Suède et en Danemark mais ici la rigueur des hivers opposait un obstacle insurmontable. En Allemagne même, et malgré les encouragements de Frédéric le Grand, la sériciculture demeura dans l'enfance. Cependant, à partir de 1820, elle a paru se réveiller sur quelques points, surtout en Bavière, où l'on a fait de nombreuses plantations. Le Wurtemberg paraît vouloir entrer dans cette voie, et en Prusse le gouvernement seconde les efforts que la société fille de notre Société d'acclimatation française fait pour encourager et relever les producteurs de cocons. Mûriers et vers à soie ont en outre depuis assez longtemps acquis droit de cité au Brésil, et paraissent prospérer dans le Nouveau-Monde tout comme dans l'ancien. Enfin l'Océanie elle-même semble vouloir se mêler à ce mouvement, et envoie à l'Europe, à côté de ses innombrables balles de laine, un certain nombre de flottes de soie. Les cocons produits chaque année par cet ensemble de récoltes représentent une valeur de plus d'un milliard. À elle seule, la Chine figure encore pour plus des 38 centièmes dans ce total ; l'Europe, pour plus des 32 centièmes ; le reste de l'Asie et les trois autres parties du monde ne comptent donc que pour moins de 40 centièmes. Voyons quelle part la France a prise à ce mouvement général.

Les étoffes de soie furent certainement connues dans la Gaule pendant la domination romaine ; mais il est permis de penser qu'elles durent y devenir bien rares à l'époque des guerres qui précédèrent le moyen âge. Aux premiers temps de cette période, on voit les tissus soyeux reparaître en France ; toutefois ce n'est plus la Sérique qui les fournit. C'est de Constantinople que Charlemagne tira son riche manteau et les deux robes de soie dont il fit présent au roi de Mercie. C'est également de la capitale du Bas-Empire que les abbés de Saint-Denis firent venir la fameuse bannière à fond rouge semée de flammes d'or, qui, à partir de 1124, devint l'étendard de la France et, sous le nom d'oriflamme, guida nos chevaliers dans les grandes guerres. Déjà le prix de ces tissus devait avoir baissé, car le musée de Lyon a possédé et possède peut-être encore des restes d'étoffes de soie trouvés dans le tombeau d'un simple chancelier de France ; mais on voit que ce n'était pas encore là de la sériciculture.

Il règne aussi une assez grande incertitude sur la véritable époque de la première plantation de mûriers en France. Ce point d'histoire est indiqué plutôt que traité dans la plupart des ouvrages consacrés à la sériciculture. Presque tous les auteurs se bornent à répéter ce qu'Olivier de Serres semble avoir dit le premier dans son *Théâtre d'agriculture*. Cet écrivain raconte, mais comme un simple *on dit* qu'un seigneur d'Allan, après avoir accompagné Charles VIII dans son expédition de 1494, rapporta d'Italie et planta pour la première fois des mûriers dans sa terre, située à sept kilomètres de Montélimart. Dans une lettre citée par l'*Annuaire de la Drôme*, an XIII, Faujas de Saint-Fond, un des pères de la géologie moderne et ancien professeur au Muséum, reproduit cette tradition, mais en la précisant et en plaçant le fait dont il s'agit à une époque beaucoup plus reculée. À l'en croire, Guy-Pape de Saint-Auban, seigneur d'Allan, aurait rapporté les premiers mûriers de la dernière croisade (1268-1270), et l'un de ces arbres aurait encore existé en 1804.

Dans le travail important que nous avons déjà cité, M. de Gasparin a le premier mis en doute ces traditions si confuses et cependant si universellement adoptées sur les seigneurs d'Allan. Il a reporté à l'époque de l'occupation de Naples par les princes d'Anjou ce qu'Olivier de Serres semble attribuer aux expéditions passagères de Charles VIII. Cette opinion a reçu récemment une confirmation bien complète. Dans deux lettres écrites au *Commerce séricicole* de Valence, un anonyme, s'appuyant sur des chartes et des titres originaux, a démontré que la terre d'Allan, après avoir appartenu primitivement aux Adhémar, était passée à la famille des Poitiers en 1419, et n'était entrée dans celle des Pape de Saint-Auban qu'en 1545, par le mariage de Blanche de Poitiers, dame d'Allan, avec Gaspard Pape, seigneur de Saint-Auban, un des chefs calvinistes les plus notables de cette époque. Toutefois l'écrivain anonyme reconnaît qu'il existait encore en 1819, à Allan ou aux environs, quelques mûriers remarquablement âgés, et qui devaient être contemporains des Saint-Auban ou même des Poitiers ; mais il fait honneur de la plantation à quelque humble tenancier de ces grands personnages, qui, par pure curiosité, aurait acclimaté en Dauphiné ces arbres déjà connus et cultivés dans le Comtat.

Cette conjecture pourrait bien être vraie. En effet, M. de Gasparin a démontré avec la plus complète évidence que la culture du mûrier et l'élevage du ver à soie étaient entrés en France par la Provence et à la suite des conquêtes de Charles d'Anjou. Dès la fin du XIIIe siècle, il se fabriquait des taffetas à Marseille. En 1345, Roland, sénéchal de Beaucaire et de Nîmes, envoyait à Jeanne de Bourgogne douze livres de soie de Provence achetée à Montpellier, et devenue par conséquent un objet d'exportation. À cette même époque, les papes habitaient Avignon. Comment auraient-ils pu ne pas chercher à introduire aux environs de cette ville une industrie dont en Italie, et même à côté d'eux, ils avaient dû apprécier l'importance chaque jour croissante ? Aussi un autre Roland, celui qui fut successivement ministre de Louis XVI et de la république, et qui, avant de jouer un rôle politique, s'était beaucoup occupé d'agronomie, a-t-il attribué aux papes l'honneur d'avoir été les premiers propagateurs de la sériciculture en France. M. de Gasparin combat ce que cette opinion a d'exagéré, tout en admettant que les souverains pontifes ont pu jouer le rôle d'initiateurs pour le Comtat-Venaissin. M. Fraissinet, pasteur protestant et auteur d'un ouvrage justement estimé sur l'élevage des vers à soie, confirme encore cette manière de voir en s'appuyant sur le témoignage formel de plus d'un chroniqueur. À cette époque d'ailleurs, la Provence et le Comtat étaient étrangers à la France, et si, comme tout l'indique, l'*arbre d'or* y fut d'abord cultivé, il y resta longtemps comme emprisonné. Louis XI le transporta en Touraine et installa dans son parc du Plessis-lès-Tours François le Calabrais avec ses compagnons, chargés d'initier les populations voisines à toutes les industries séricicoles (1466). Catherine de Médicis suivit cet exemple. Grâce à elle, il se fit de nombreuses plantations dans l'Orléanais, le Bourbonnais, et les capitouls de Toulouse établirent une sorte de pépinière non loin des remparts de leur ville (1540-1560). Grâce à ces encouragements des souverains, le centre de la France semble avoir pris les devants sur le bassin du Rhône. En 1533, Champier, un des fondateurs du collège de médecine de Lyon, déclare dans son *Horius Gallicus* que la culture du mûrier n'est qu'un objet de pure curiosité ; mais en 1586 cette industrie avait grandi dans ces contrées, car une ordonnance de Henri III de cette année porte que « par toutes les villes assizes le long de la rivière du Rosne, il y a plusieurs milliers d'hommes, femmes et enfants, qui solloyent gaignier leur vie à filer soie… »

Parmi les hommes qui vers cette époque contribuèrent le plus à répandre et à populariser l'élève du mûrier, il faut compter un simple jardinier de Nîmes, François Traucat. Dès 1554, Traucat possédait une pépinière. En 1606, il publiait un panégyrique du mûrier et se glorifiait d'avoir répandu plus de 4 millions de plants de cet arbre dans le Dauphiné, la Provence et le Languedoc. En même temps, il proposait à Henri IV d'introduire 20 millions de mûriers dans les quatre généralités d'Orléans, de Tours, de Paris et de Lyon. Henri IV n'avait pas attendu ce moment pour comprendre tout ce que l'industrie de la soie pouvait ajouter à la prospérité du royaume. Sully, moins clairvoyant, ou peut-être mû par quelqu'un de ces instincts de jalousie qui se glissent jusque dans le cœur des plus grands ministres, s'était vainement opposé à la création de plantations nouvelles. Olivier de Serres, *le père de l'agriculture*, Barthélémy de Laffemas, valet de chambre du roi et contrôleur général du commerce, l'avaient emporté sur le rigide favori, qui proscrivait la sériciculture sous prétexte qu'elle n'était bonne qu'à favoriser le luxe et à corrompre les mœurs. Par une lettre datée du 27 septembre 1600, Henri IV prescrit à Olivier de Serres de s'entendre avec le sieur de Bordeaux, surintendant général des jardins de France, pour faire transporter à Paris plusieurs milliers de plants de mûriers. Cet ordre fut exécuté, et l'année suivante le jardin des Tuileries reçut de quinze à vingt mille pieds d'arbre qui réussirent parfaitement. Une magnanerie et une filature de soie y furent en outre élevées et fonctionnèrent pendant nombre d'années. C'est à la suite de cette grande expérience, et peut-être à l'occasion des offres de Traucat, qu'eurent lieu les envois faits dans presque toute la France de mûriers dont plusieurs existent encore et sont connus sous le nom de *Sullys*, car ici, comme en bien d'autres occasions, la reconnaissance publique s'est égarée, et a fait honneur du bienfait précisément à celui qui l'avait combattu de toute sa force.

Armand de Quatrefages

Colbert partagea toutes les idées d'Olivier de Serres et de Laffemas ; il les exagéra même d'abord en voulant contraindre tous les propriétaires à planter un nombre de mûriers correspondant à l'étendue de leurs terres. Le résultat de cette exigence fut exactement le contraire de celui qu'on se proposait. Mieux inspiré, Colbert se borna plus tard à promettre une prime de vingt-quatre sols pour chaque nouveau pied de mûrier, la prime n'étant d'ailleurs acquise que trois ans après la plantation. L'amour du gain fit plus que la crainte, et grâce à cette dernière mesure, mûriers et vers à soie se répandirent de toutes parts en France (1662-1671). Il est peu de nos départements du midi, du centre et de l'est, où l'on ne rencontre encore un grand nombre d'arbres datant de cette époque, et que nous aimerions à entendre appeler des *Colberts*.

J'hésite quelque peu à placer à la suite de ces noms si grands dans l'histoire celui d'un modeste officier, bien inconnu de presque tous les sériciculteurs, presque oublié de ceux-là mêmes dont il a transformé l'existence. Pourtant, ne fût-ce qu'à titre d'arrière-neveu, il doit m'être permis de réclamer pour le capitaine François de Carles la part qui lui revient dans cette succession d'efforts concourant tous à un même résultat. M. de Gasparin constate dans son ouvrage que, malgré l'exemple donné par M. de Camprieux, consul du Vigan, et les encouragements de toute sorte prodigués par les états du Languedoc, les Cévennes étaient restées fort en arrière de leurs voisins de la plaine dans la culture du mûrier ; il attribue le mouvement séricicole qui se produisit vers le milieu du XVIIIe siècle aux rigueurs inusitées de l'hiver de 1709. Il est peu probable cependant qu'un froid assez violent pour faire périr les châtaigniers eût grandement encouragé les agriculteurs à planter des mûriers, arbre regardé, surtout alors, comme exigeant une température bien plus douce que le vieux nourricier de nos montagnards cévenols. Pour arracher ceux-ci à leurs antiques habitudes et leur faire adopter une culture nouvelle, il fallait évidemment que quelqu'un se dévouât à cette œuvre, et c'est ce que fit le capitaine Carles. Il avait servi en Italie ; là, il avait vu quelle fortune était, pour le plus humble prolétaire, la culture du mûrier, l'élevage des vers à soie. Propriétaire à peu près unique d'un petit vallon qui descend de l'Aigual, la plus haute montagne des Cévennes, il voulut, une fois rentré dans ses foyers, *populariser* l'industrie dont il avait admiré les résultats. À cette époque, quelques *Sullys*, quelques *Colberts*, disputaient seuls le sol aux châtaigniers, qui descendaient jusque dans le fond des vallées ; le territoire entier de la commune actuelle de Valleraugue produisait à peine deux mille kilogrammes de mauvais cocons. Le capitaine Carles, reprenant la tradition perdue depuis M. de Camprieux, arracha des châtaigniers et les remplaça par des mûriers. Pour arroser ceux-ci, il éleva des chaussées et construisit des aqueducs. À mesure qu'un champ se trouva défriché et planté, il le céda à tout prix, à toute condition. Il morcela ainsi presque toutes ses terres et amoindrit considérablement sa fortune ; mais il enrichit le pays. L'impulsion, partie du petit vallon de Clarou, se propagea rapidement. Les résultats parlaient trop haut pour ne pas être entendus. Aujourd'hui, partout dans nos départements méridionaux, c'est la montagne qui a dépassé la plaine en sériciculture. Dans les vallées des Cévennes, les châtaigniers ont entièrement fait place aux mûriers, qui remontent sur le flanc des montagnes, parfois jusque dans le voisinage de la région des hêtres, et la commune de Valleraugue, qui ne compte pas quatre mille âmes, produit annuellement 200,000 kilogrammes de cocons, classés parmi les meilleurs du monde.

L'intérêt des populations, éclairé par le concours de travaux, d'efforts et de dévouements que je viens de rappeler, semblait devoir imprimer à la sériciculture un mouvement régulièrement progressif. Il n'en fut pourtant pas ainsi. La routine, les préjugés, l'indifférence, se liguèrent trop souvent pour repousser la culture nouvelle. Les guerres civiles étouffèrent bien des entreprises naissantes. Des maladies vaguement indiquées par quelques auteurs désolèrent les chambrées, et découragèrent ceux qui ne surent pas voir au-delà de l'heure présente. Les mêmes causes agissent encore aujourd'hui sur une grande partie de notre territoire, et voilà comment, malgré de grands progrès, la sériciculture est en France si éloignée de ce qu'elle doit être un jour, comment il nous faut encore recourir aux étrangers pour alimenter nos manufactures.

Il eût été curieux de suivre les oscillations de l'industrie séricicole à partir des temps de Catherine et de Henri IV ; mais, pour trouver des documents précis, il faut arriver jusqu'au XVIIIe siècle. Nous savons que de 1700 à 1788 la France produisait annuellement environ 6 millions de kilogrammes de cocons. Sous la république, cette production fut réduite de près de moitié ; elle se relève quelque peu sous l'empire et les premières années de la restauration, mais sans atteindre le chiffre précédent. Dès 1820, on voit se manifester un mouvement ascensionnel très remarquable. La quantité moyenne de cocons recueillie annuellement, de 1821 à 1830, est de 10,800,000 kilogrammes ; de 1831 à 1840, elle est de 14,700,000 kilogrammes ; de 1841 à 1845, elle atteint 17,500,000 kilogrammes ; elle dépasse 24 millions de kilogrammes de 1845 à 1852 ; en 1853, elle s'élève au chiffre de 26 millions de kilogrammes. — En même temps, au lieu de baisser de prix, les cocons renchérissent sans cesse. Pendant tout le XVIIIe siècle, ils valent en moyenne 2 fr. 50 cent. le kilogramme. Sous la république, et malgré des circonstances de plus en plus difficiles, ils gagnent 30 centimes ; vers 1850, le prix moyen est de 5 fr. le kilogramme [2]. À ce prix, la France aurait produit en 1853 pour 130 millions de cocons.

Voici donc quel était, vers la fin de cette ère de prospérité, l'état de la sériciculture française. Une progression croissante se manifestait dans la production, et cette progression allait devenir bien plus rapide encore, car d'une part, les plantations récentes se développant d'année en année, la feuille devenait plus abondante, et, d'autre part, le succès de ces plantations en faisait chaque jour surgir de nouvelles. Cette tendance était accusée par un fait des plus significatifs. L'industrie des pépinières de mûriers avait pris un développement tel qu'elle avait pour ainsi dire remplacé toutes les autres sur certains points. Aux environs de Romans, par exemple, des communes entières lui devaient une prospérité exceptionnelle. Ces jeunes mûriers s'expédiaient sur presque tous les points de notre territoire ; partout surgissaient des plantations nouvelles, partout le mûrier venait s'associer aux cultures le plus anciennement pratiquées ; partout aussi l'importance de la sériciculture, le bien-être qu'elle apporte aux populations agricoles se manifestaient par l'accroissement de la valeur des terres. Chaque année, sous la main de nos sériciculteurs, nos magnifiques races françaises se multipliaient ; les races étrangères, introduites pour répondre aux besoins des manufacturiers, s'amélioraient. Quelques années encore, et l'on pouvait prévoir le moment où la France, faisant un grand pas en avant, comprendrait enfin qu'au lieu d'acheter des cocons à l'étranger, c'est elle qui doit lui en vendre.

Section I

Tout à coup, en 1854, la production de cocons baisse de plus de 4 millions de kilogrammes, l'année suivante de près de 6 millions. En 1856 et 1857, elle tomba à 7 millions et demi de kilogrammes ; 18 millions et demi de kilogrammes de cocons manquèrent à nos manufactures. Au prix moyen mentionné plus haut, c'était pour notre agriculture une perte de 90 millions, et si, par suite de la plus-value des cocons, cette perte se trouva répartie entre les sériciculteurs et les fabricants, elle n'en retomba pas moins tout entière sur le pays. Un mal étrange, dont les plus vieux magnaniers n'avaient conservé aucun souvenir, avait envahi nos chambrées. Les œufs, mis à l'incubation comme à l'ordinaire, n'éclosaient plus ou ne donnaient naissance qu'à des vers languissants, dont la plupart disparaissaient peu à peu. Ceux qui échappaient au fléau et tissaient leurs cocons succombaient aux épreuves de la métamorphose ou ne donnaient que des papillons rabougris et sans force, dont la graine reproduisait, à un degré bien plus marqué encore, les mêmes phénomènes.

Les populations résistèrent d'abord avec courage. Pendant quelque temps encore, on planta des mûriers ; on vit des sériciculteurs, jaloux de conserver nos belles races, soigner leurs chambrées jusqu'au bout, recueillir les rares cocons qu'ils avaient *non plus à peser, mais à compter*, et lutter ainsi corps à corps avec le fléau ; mais, toujours vaincus, ils se lassèrent. L'industrie des pépinières se ralentit et tomba, annonçant ainsi l'arrêt sérieux subi par la sériciculture. Dans les départements où cette industrie n'est encore qu'un accessoire, on cessa d'élever des vers à soie, on alla jusqu'à arracher des mûriers. Dans le seul arrondissement de Toulon, sur dix-sept propriétaires pris au hasard, deux seulement ont conservé leurs anciennes chambrées, cinq les ont considérablement réduites, dix les ont complètement abandonnées. La production a diminué de plus des trois quarts. Dans le même arrondissement, trois propriétaires ont à eux seuls arraché les mûriers suffisants pour élever plus d'un kilo de graine, et à Valence on s'est chauffé avec le bois de mûriers jeunes et vieux.

Dans ces contrées du moins, les populations trouvèrent des compensations. Dans le Var, les Bouches-du-Rhône, la Drôme, comme dans la portion méridionale du Gard et de l'Hérault, la vigne, l'olivier, toutes les récoltes habituelles de ces terres privilégiées permirent aux habitants d'attendre sans souffrances bien réelles que le mal faiblît ou disparût. Dans les régions les plus franchement séricicoles, il n'en pouvait être ainsi. Là où le mûrier est tout, tout manquait avec lui. La terre, ne donnant plus de revenu, perdit bien vite sa valeur. Dans les Cévennes, la baisse atteignit plus de 60 pour 100. Nos malheureux montagnards des Cévennes et de l'Ardèche, les riches comme les indigents, perdirent leur pain quotidien ; il fallut en chercher au dehors, et l'émigration, cette ressource dernière des peuples écrasés par un fléau quelconque, commença. En même temps nos manufacturiers, las de chercher chaque année autour d'eux un approvisionnement difficile et d'une cherté toujours croissante, s'adressèrent sérieusement au dehors. L'Europe entière étant frappée, ils eurent recours à l'extrême Orient. En 1859, Lyon seul a importé pour 92 millions de soies ou de cocons de Chine [3], de telle sorte que nos sériciculteurs ont à lutter à la fois contre le mal qui les accable et contre une concurrence qui serait redoutable, peut-être même dans un temps de prospérité.

Ce n'est certainement pas la première fois que la sériciculture traverse en France de pareilles épreuves. Vers 1690, une maladie, sans doute assez semblable à celle qui règne aujourd'hui, ravagea les *éducations*. Déjà on commençait à arracher les mûriers comme nous le voyons faire aujourd'hui, quand le terrible Lamoignon de Baville, intendant du Languedoc, lança un édit qui condamnait aux galères quiconque commettrait un pareil délit. La sériciculture de ces contrées a dû peut-être ainsi son salut à celui qui devait faire tant de mal sous d'autres rapports. Malheureusement il ne nous reste aucun détail ni sur les maladies de cette époque, ni sur la manière dont elles ont pris fin. Il n'en sera pas de même de l'épidémie actuelle ; et nos descendants, s'ils sont atteints jamais par le même fléau, n'auront que l'embarras du choix parmi les documents sans nombre que nous leur laisserons.

Cet embarras pourra bien être réel. J'ai reproduit tout à l'heure le fond du tableau tracé par la plupart des auteurs qui, dès le principe, avaient essayé de faire connaître la maladie ; mais à cela près ils ne s'accordaient guère. Les descriptions tracées dans les lieux les plus voisins ne concordaient souvent pas entre elles et variaient d'une année à l'autre. Chaque jour amenait quelque détail, ou complètement nouveau, ou en opposition formelle avec les faits regardés comme les plus certains. En même temps se produisaient les doctrines les plus diverses sur la nature du mal, sur les causes qui lui avaient donné naissance, sur les moyens de le combattre. L'Académie des Sciences, interpellée de toutes parts, répondit d'abord par deux *rapports*, par un questionnaire, émanés de la *commission des vers à soie* [4] ; puis elle se décida à envoyer sur les lieux un botaniste, un chimiste, un naturaliste, jadis médecin. Voilà comment MM. Decaisne, Péligot et moi-même, reçûmes la difficile mission d'étudier le fléau qui menace sérieusement une de nos plus belles industries agricoles et compromet l'existence de populations entières.

Section II

Le mal qui ravage nos chambrées vient-il de l'insecte ou de l'arbre ? Le ver à soie est-il atteint d'une maladie propre, ou bien est-il empoisonné par la feuille qui devrait le nourrir ? Bien des gens ont embrassé d'abord cette dernière opinion, et il est aisé de comprendre comment ils ont été entraînés à l'adopter. Depuis quelques années, le règne végétal est frappé de diverses manières. La pomme de terre, la vigne, les arbres fruitiers, tour à tour et souvent à la fois, ont payé un rude tribut à bien des causes de destruction. Il est vrai que ces maladies végétales ne se ressemblent guère : on ne saurait établir le moindre rapprochement entre l'altération profonde qui atteint les tubercules, l'oïdium qui fait éclater les grains du raisin, le puceron lanigère qui épuise le tronc des pêchers, et le champignon qui attaque les racines de l'oranger d'Hyères ou celles du pommier de Normandie. Le vulgaire toutefois ne remarque pas ces différences : il ne peut comprendre qu'il n'y a là qu'une coïncidence. Dominé par le résultat final, il croit à une sorte d'infection générale, et en voyant les vers à soie mourir d'une affection autre que celles qui frappaient habituellement ses regards, il n'a point hésité à admettre la maladie des mûriers et de la feuille. Apprécier ce que cette opinion pouvait avoir de fondé était une des questions que les commissaires de l'Académie des Sciences étaient le plus spécialement chargés d'éclaircir.

Or, dès notre arrivée à Lyon, au mois d'avril 1858, mes collègues et moi pûmes constater la parfaite apparence des arbres. À mesure que nous avancions vers le midi, la feuille, plus développée, nous paraissait de plus en plus belle et saine. Impossible de découvrir une seule de ces taches noires, un seul de ces rameaux flétris dont on avait tant parlé. Orange, Avignon, Nîmes, Montpellier, nous montrèrent partout le même spectacle d'arbres du plus bel aspect, couverts d'une feuille de la plus belle venue ; tous les éducateurs la déclaraient magnifique. Mes collègues, plus particulièrement chargés de cette partie de la mission, ne voulurent pourtant point s'en fier à ces apparences. Des feuilles de diverses races, de divers âges, et prises dans les localités les plus différentes, furent cueillies avec précaution, explorées avec des soins minutieux, pesées et desséchées sur place pour être plus tard analysées. Le résultat de toutes ces études fut de constater de la manière la plus positive qu'au point de vue de la composition élémentaire aussi bien qu'à celui de la constitution anatomique, les feuilles de mûrier ne s'écartaient en rien de l'état normal. L'analyse chimique, l'investigation microscopique concordaient donc pleinement avec l'appréciation des sériciculteurs les plus exercés. Cette fois praticiens et savants se trouvaient d'accord, et ce n'était pas seulement en France qu'on jugeait ainsi de la feuille. De toutes les contrées ravagées par le même mal arrivaient des témoignages semblables.

Que penser d'une prétendue maladie qui ne se trahit par aucun symptôme appréciable ? Évidemment elle n'existe pas. Aussi, lorsqu'on vit les vers à soie élevés avec cette magnifique feuille mourir comme les années précédentes ; lorsque, la récolte pesée, il se trouva que 1858 avait produit encore moins de cocons que 1857 [5], un revirement général se fit dans l'opinion, et tous les esprits droits reconnurent que l'origine du mal était ailleurs que dans les feuilles. Dans ma campagne de 1859, j'ai pu constater à ce sujet des conversions nombreuses et significatives. Des expériences directes, instituées volontairement ou amenées par la force des choses, confirmaient d'ailleurs ce résultat général. De tout temps, sur tous les mûriers, il y a eu quelques feuilles tachées par les brouillards, la gelée blanche, les insectes, les cryptogames de diverses espèces. Tant que les éducations marchaient bien, on ne songeait guère à s'inquiéter de ces accidents sans conséquence, et par cela même on ne les voyait pas ; les savants seuls avaient dû s'en rendre compte.

Depuis l'invasion du mal au contraire, et sous l'influence d'idées préconçues, les moindres taches ont été recherchées avec soin. Alors on en a vu partout, et elles sont devenues pour bien des gens le signe de la maladie des arbres, la preuve de l'empoisonnement des vers par la feuille. Bien que le passé suffît pour en démontrer l'innocuité, Mme de Lapeyrouse, digne sœur d'un membre de l'Académie des Sciences, voulut savoir à quoi s'en tenir sur ce point ; elle éleva exclusivement avec des feuilles tachées un certain nombre de vers à soie pris dans une chambrée voisine. Loin de souffrir du régime auquel ils étaient soumis, ces vers, plus aérés, plus espacés que dans leur magnanerie natale, profitèrent de ces avantages et montrèrent une supériorité marquée sur leurs frères. Un observateur peu réfléchi aurait pu croire qu'au lieu d'être nuisible, la feuille tachée était préférable à la feuille sans taches.

Quelques réflexions bien simples auraient dû suffire pour écarter l'opinion que je combats ici, et que n'ont d'ailleurs jamais admise ni l'Académie des Sciences de Paris ni la plupart des corps savants de province. Si le ver à soie est empoisonné par la feuille, il est évident que le mal ne doit apparaître que là où la feuille est malade, là où elle présente ces fameuses taches dont nous venons de parler. Or une triste expérience a prouvé que les récoltes ne réussissaient pas mieux dans les contrées où la feuille a toujours présenté ses caractères normaux que dans celles où l'on a vu les taches se multiplier sous l'influence de printemps exceptionnellement froids et d'étés pluvieux. Le département du Var tout entier peut ici servir d'exemple. — Si le ver à soie est empoisonné par la feuille, tous ceux d'une même chambrée, qui ont partagé la même nourriture dans des conditions identiques, doivent évidemment ou résister ou succomber dans la même proportion. Or ici encore l'expérience journalière est en désaccord complet avec cette conclusion. On a vu des milliers de fois les tables juxtaposées dans un même local porter les unes des vers nombreux présentant toutes les apparences de la santé, les autres des vers chétifs qui succombaient l'un après l'autre. Le magnanier interrogé n'hésitait pas à vous dire : « Les premières ont reçu de la *bonne* graine, les secondes de la *mauvaise* graine. » Il est fort rare en effet que la vérité perde ses droits d'une manière absolue, et que le bon sens ne proteste pas de manière ou d'autre contre les erreurs les plus généralement accréditées. Les partisans les plus décidés de l'empoisonnement par la feuille n'en admettent pas moins qu'on réussit généralement avec certaines graines, qu'on échoue à coup sûr avec d'autres, alors même qu'elles ont été récoltées avec les mêmes soins et conservées avec les mêmes précautions. Ces dernières sont donc en réalité malades ; mais comment le seraient-elles si elles avaient été pondues par des parents sains ? On voit que c'est à ceux-ci qu'il faut remonter, et que tout nous amène à la conclusion adoptée à Milan comme à Paris : les insectes sont frappés, et non les arbres [6].

Un fait bien curieux confirme encore cette conclusion. Nos *chenilles domestiques* ne sont pas les seules atteintes ; leurs congénères sauvages le sont également. Dans l'Ardèche, dans la Drôme, on a constaté que, depuis le commencement de l'épidémie, les papillons ont presque entièrement disparu des jardins, des bois, des prairies. Depuis la même époque, des taillis de chênes, situés près de Montpellier et habituellement ravagés par les chenilles, conservent toute leur verdure, parce que les insectes ont disparu ; M. Marès a retrouvé ces insectes sous les pierres, dans les broussailles, portant tous les caractères des diverses maladies qui détruisent les magnaneries. Or, parmi ces maladies, il en est une dont nous ferons connaître plus loin le rôle prépondérant. Celle-ci se découvre à des signes certains, (et ces signes ont été reconnus sur les chenilles sauvages par un écolier de douze ans, M. Armand Angliviel. Ainsi les insectes périssent au moment même où les arbres qui les portent présentent un aspect de vigueur inusitée. N'est-il point évident que les premiers seuls sont malades, qu'ils ne peuvent par conséquent pas exercer leurs ravages ordinaires, et que les seconds, délivrés de leurs voraces ennemis par l'épidémie, profitent en quelque sorte de l'occasion pour montrer qu'ils ne se sont jamais mieux portés ?

Quelle est donc la nature de ce mal qui frappe nos vers à soie jusque dans les générations à venir ? Pour répondre à cette question, faisons comme le médecin appelé auprès d'un malade, et pour expliquer le présent, interrogeons d'abord le passé.

Il y a plus de vingt ans, tandis que les vers à soie prospéraient partout ailleurs et que leurs générations se succédaient sans encombre, la petite ville de Cavaillon présentait une exception remarquable. La reproduction de ces insectes s'y faisait mal. Une chambrée assez bien réussie au point de vue industriel ne fournissait que des papillons sans vigueur, et dont la graine, mise à couver l'année suivante, ne donnait que peu ou point de produit. Cet état de choses avait dès cette, époque donné naissance à un commerce d'importation local : Cavaillon achetait au dehors ses œufs de vers à soie.

Dès 1845, des phénomènes analogues se montrèrent aux environs d'Avignon et jusqu'à Loriol, dans le voisinage de Valence. Les chambrées *s'ébranlaient* ; elles échouaient sans causes connues. D'année en année, les réussites devenaient plus rares, et toujours se reproduisait le caractère essentiel de la mauvaise qualité des graines. Bientôt le mal s'aggrava et s'étendit. Les environs de Nîmes et de Montpellier furent atteints. En 1848, les Cévennes firent leur dernière belle récolte. En 1849, l'insuccès fut général. Dans cette néfaste année, le mal frappa à la fois les Cévennes et le Var, l'Ardèche et l'Isère ; il envahit d'un seul coup plus de deux mille lieues carrées.

Les bassins de la Durance et du Rhône ont été le point de départ de la grande épidémie dont nous esquissons l'histoire, mais n'ont pas été les seuls points primitivement attaqués. Au cœur même des Cévennes, même avant 1843, le petit village de Saint-Bauzile-le-Putois présentait des phénomènes semblables à ceux que nous venons d'indiquer à Cavaillon ; mais là le mal s'arrêta bientôt de lui-même, et tout rentra dans l'ordre normal jusqu'au moment de la grande invasion de 1849. Il n'en fut pas de même à Poitiers, dans la magnanerie de M. Robinet. Ici dès 1841 on voit apparaître successivement presque toutes les principales formes affectées plus tard par le mal. En parcourant les journaux d'éducation que cet habile et consciencieux sériciculteur a bien voulu me confier, en lisant ces notes tracées jour par jour et presque heure par heure, on croit par moments avoir sous les yeux quelqu'une de ces descriptions que je n'ai eu que trop à relire. On voit le mal s'aggraver d'année en année jusqu'au moment où M. Robinet dut fermer l'établissement qui avait rendu tant de services, et d'où était sortie la belle race française des cocons coras.

La France était donc frappée sur trois points différents, alors que les contrées les plus voisines restaient parfaitement intactes. Nos éducateurs s'adressèrent à elles pour avoir des œufs. L'Espagne et le Piémont vinrent d'abord à leur secours ; mais dès 1851 les graines venues de ces deux contrées se montrèrent quelque peu atteintes.

Armand de Quatrefages

On commença à s'adresser presque exclusivement à la Lombardie, et, grâce à elle, nos récoltes grandirent jusqu'à atteindre le maximum de 1853. À leur tour cependant, les graines lombardes *s'ébranlèrent*. Le mal pénétrait peu à peu jusqu'à elles. En 1855, les grainages furent généralement mauvais en Lombardie, et la France, qui s'approvisionna pourtant presque exclusivement dans ce pays, eut à subir les désastres de 1856. À partir de ce moment, le mal ne s'arrêta plus. Chaque année il fit un nouveau pas. L'Italie méridionale, la Sicile, la Grèce, les îles de l'Archipel succombèrent tour à tour. Dès 1858, les graineurs lombards le rencontrèrent sur les bords de la Mer-Caspienne. En 1859, il a franchi le Caucase et s'est montré, dit-on, au Bengale et jusque sur les côtes de la Chine.

À ne considérer que ce mode de développement et cette marche envahissante du mal, on pourrait déjà déclarer qu'il s'agit d'une épidémie ; mais on peut constater bien d'autres ressemblances. Pour fixer les idées, comparons la maladie des vers à soie au choléra.

Le choléra, dans sa marche progressive, a souvent épargné des contrées qu'il envahissait plus tard par un brusque retour en arrière. La maladie des vers à soie désolait la. Sicile et les Calabres alors que la Toscane et le Bolonais étaient encore intacts : ils ont été depuis frappés comme toute l'Italie.

Au milieu des contrées envahies, le choléra semble respecter des îlots plus ou moins étendus. La maladie des vers à soie présente encore aujourd'hui en Europe et en France même des exemples de ce fait. Le massif d'Andrinople, entouré par le mal presque de toutes parts, a résisté jusqu'à ce jour ; en Italie, certains cantons des Abruzzes, quelques points de la Vénétie sont encore épargnés, et, bien près de Florence, M. Ricasoli, le chef actuel des Toscans, a fourni jusqu'en 1859 une graine qui, élevée en Piémont, a donné de magnifiques résultats. Enfin, dans notre Ardèche ; la belle race de Blanc-Annonay n'a éprouvé encore aucun dommage.

Bien souvent, il est absolument impossible d'expliquer par des conditions spéciales de salubrité l'immunité des espaces plus ou moins étendus, des villes et des villages épargnés par le choléra. Il en est exactement de même pour les îlots que la maladie des vers à soie n'a pas atteints ou n'a frappés qu'en dernier lieu. Les uns sont en pleine montagne, d'autres sur le bord même de la mer ; il en est qui atteignent la région des hêtres, d'autres sont placés dans celle des oliviers ; ceux-ci sont composés d'alluvions, et ceux-là de roches primitives.

En temps de choléra, la santé la plus robuste, l'observation la plus stricte des lois de l'hygiène, ne sont nullement une garantie d'immunité. Ici encore la ressemblance n'est que trop frappante entre l'épidémie humaine et la maladie des insectes. Les graines les plus saines, provenant de contrées où le mal n'a jamais paru, élevées avec des soins exceptionnels, ont bien des fois donné naissance à des vers qui, après avoir présenté tous les signes de la force et de la santé, ont succombé comme les autres.

Il serait aisé de pousser plus loin ce parallèle. Ce qui précède suffit et au-delà pour motiver la conclusion suivante, formulée par la sous-commission chargée d'étudier le mal et adoptée par l'Académie des Sciences : *Si le choléra est une épidémie, la maladie des vers à soie est une épizootie.* Mais, de plus que le choléra, cette maladie est *héréditaire*, et se présente dès lors comme le fléau le plus complet que la pathologie humaine ou comparée ait encore eu à étudier.

Avoir mis hors de doute ce double caractère du mal, ce n'était pas encore le connaître. J'ai dit déjà combien étaient différentes les descriptions données par ceux qui avaient tenté de le décrire. C'était vraiment à ne pas s'y reconnaître. Pour donner une idée de cette confusion, il me suffira de rappeler qu'à en croire certains auteurs, les cadavres des vers se décomposent avec une rapidité extrême, en exhalant une odeur remarquablement fétide, tandis qu'au dire d'autres écrivains ces mêmes cadavres se dessèchent et se *momifient* sans répandre aucune odeur. Une étude sérieuse pouvait seule donner la clé de ces contradictions avancées par des observateurs également éclaires, également de bonne foi. Pour résoudre ce problème et d'autres qui s'y rattachent, il était nécessaire de resserrer plutôt que d'étendre le champ des observations et de comparer entre elles un nombre restreint de localités parfaitement étudiées. Il fallait enfin analyser ce mal comme une affection de l'homme lui-même, établir des cliniques et faire des autopsies.

Aussi, tandis que mes deux collègues allaient continuer dans l'Isère l'enquête commencée dans le bassin du Rhône, je remontai celui de l'Hérault jusqu'au cœur des Hautes-Cévennes. Là se trouvaient trois vallées réunissant toutes les conditions propres à faciliter mes travaux. Deux d'entre elles s'étaient partagé mon enfance, dont les souvenirs mêmes devaient parfois me venir en aide. Je connaissais d'avance toutes les localités que j'allais explorer. Je savais que les éducations de vers à soie, étagées les unes au-dessus des autres à des hauteurs très différentes, se succédaient au lieu de marcher toutes de front, et me permettraient par suite de prolonger mes recherches, de répéter mes observations. Parlant la langue de ces Cévenols en qui vivent les vieilles traditions séricicoles qui leur ont fait une si grande réputation comme éducateurs, je comptais recueillir auprès d'eux bien des renseignements ; enfin j'étais certain de faire tourner au profit de ma mission l'empressement cordial qui attendait l'homme privé autant que l'envoyé de l'Académie des Sciences.

Grâce à mes habitudes de naturaliste errant, mon installation au Vigan et plus tard aux Angliviels, près de Valleraugue, fut bientôt faite. La table de travail, avec son microscope, ses cuvettes à dissection, ses scalpels, pinces, etc., fut installée comme elle l'eût été à Chausey ou à Bréhat ; les tables, les meubles, se couvrirent de matériaux. Seulement, au lieu d'être envahis par des vases et des bocaux remplis d'eau de mer, par des annélides et des mollusques, ils le furent par des lots de vers à soie malades qu'on se hâta d'apporter au *médecin des magnans*. Je ne quittai mon hôpital que pour explorer les magnaneries. Cent six éducations étagées depuis la région des oliviers jusqu'à celle des hêtres, de Saint-Hippolyte dans les Basses-Cévennes jusqu'à Massevaque dans la Haute-Lozère, furent ainsi étudiées avec le plus grand soin. Chaque éducateur fut soumis à un véritable interrogatoire, dont les résultats étaient immédiatement consignés sur mon carnet. Sans cesse accompagné de quelque propriétaire dont l'intérêt garantissait la vigilance, je ne pouvais évidemment recueillir que des notes d'une parfaite exactitude. Enfin, de retour dans mon *Hôtel-Dieu*, je comparais à loisir les résultats de la grande et de la petite éducation, j'étudiais les effets du régime et de l'hygiène, je tentais des essais de médication ; enfin j'ouvrais de nombreux cadavres et reproduisais, dans des dessins constamment contrôlés par les intéressés, les caractères appréciables du mal qui fait de si effrayants ravages.

Dès cette première campagne, il me fut ainsi possible d'apprendre beaucoup sur la nature de ce mal étrange, sur son état habituel de complication, sur les deux éléments dont il faut toujours ici tenir compte, sur les moyens, sinon de lui échapper complètement, du moins d'en atténuer les effets et d'éviter les désastres ; mais on comprend que je dus aussi constater bien des faits encore inaperçus, dont l'avenir seul pouvait faire connaître la signification. Les éducations de l'année suivante, des expériences instituées d'avance, pouvaient seules lever bien des doutes, infirmer ou confirmer bien des présomptions. Lors même que mes convictions personnelles étaient déjà arrêtées, je ne pouvais les émettre sur des questions aussi graves qu'en les appuyant de preuves décisives. Une seconde campagne était donc nécessaire, et l'Académie des Sciences en jugea ainsi.

Cette fois le programme de ma mission devenait tout autre : il me fallait étendre le champ des observations, et surtout reconnaître jusqu'à quel point les données recueillies dans trois vallons des Cévennes s'appliquaient au reste de la France. Autant j'avais été sédentaire en 1858, autant je devais multiplier mes courses en 1859. Je parcourus huit de nos départements le plus sérieusement adonnés à la culture du mûrier ; je visitai deux cent quatre-vingts chambrées appartenant à une centaine de propriétaires, et échelonnées depuis le bord même de la mer (Toulon et Cette) jusqu'à une hauteur inférieure à peine de quelques mètres à la limite supérieure des châtaigniers (Prunet dans l'Ardèche). J'embrassai ainsi l'ensemble des conditions générales dans lesquelles sont placés en France les éducateurs de vers à soie. Je pus surtout revoir à diverses reprises les mêmes faits et contrôler mes propres observations. Grâce à la différence des climats, je trouvai à Draguignan les vers d'un essai près de subir leur quatrième mue dès la mi-avril ; aux premiers jours de mai, j'étudiai des chrysalides dans le département de Vaucluse, et en revanche le 4 juillet je visitai encore dans les *terres froides* du Dauphiné une chambrée dont la moitié n'avait pas encore gagné la bruyère. Ces nouvelles études confirmèrent de tout point les précédentes : elles sanctionnèrent les conclusions de la sous-commission ; elles me permettent d'être aujourd'hui bien plus affirmatif que dans mon premier travail, et

Armand de Quatrefages

j'espère que ma réserve passée elle-même sera aux yeux du lecteur une garantie de plus en faveur de mes convictions présentes.

Section III

Des trois vallées étudiées en 1858, deux, celles de Valleraugue et de Saint-André, présentent des conditions générales à peu près identiques ; celle du Vigan diffère de l'une et de l'autre par sa composition géologique aussi bien que par sa disposition orographique. Toutes trois sont à des hauteurs différentes au-dessus du niveau de la mer. Les climats et l'époque des éducations varient dans la même proportion. Entre les deux premières et la troisième, on trouve ainsi réunies presque toutes les conditions différentielles qu'on a regardées comme pouvant agir sur le développement du mal, et pourtant, dès 1849, toutes trois ont été frappées à la fois, toutes trois ont présenté dans leur envahissement progressif des circonstances identiques. Dès l'abord, dans toutes trois, le mal a manifesté et conservé les deux caractères qui le rendent si redoutable, l'épidémie et l'hérédité.

Mais, en dehors de ces deux traits fondamentaux, tout le reste varie d'une localité à l'autre malgré la presque identité de conditions existant à Valleraugue et à Saint-André, et d'une année à l'autre dans la même localité. Des renseignements cent fois contrôlés que j'ai recueillis, il résulte que trois écrivains également bien informés, faisant l'histoire de l'épidémie pour chacune de ces vallées de 1849 à 1857, auraient écrit trois livres très différents. De ce que j'ai vu par moi-même, il résulte encore qu'en 1858 trois observateurs également habiles, décrivant avec la même exactitude ce qui se passait sous leurs yeux, auraient tracé de la maladie trois tableaux parfaitement dissemblables. Considéré dans son ensemble, le mal dont souffrent nos chambrées présente donc deux sortes de phénomènes, les uns constants, les autres variables. Pouvait-on les rapporter indifféremment à une cause morbide unique ? Évidemment non ; il devait en exister plusieurs. Démêler le nombre et la nature des causes devait être le premier but des recherches du *médecin des vers à soie*.

Grâce à mon *hôpital*, je ne tardai pas à découvrir à quoi tenait l'extrême variété des symptômes tant de fois constatée. Dans les lots de vers malades qui m'arrivaient de toutes parts, je reconnus successivement l'existence de *toutes* les maladies décrites par Cornalia, l'écrivain qui a le mieux et le plus complètement résumé ce que nous savons de la pathologie des vers à soie. Ces maladies changeaient d'une localité, d'une magnanerie à l'autre. Ici la *jaunisse* ou la *grasserie* exerçaient des ravages affreux ; là elles semblaient remplacées par la *négrone* ou l'*atrophie*. Chez moi d'ailleurs comme dans les magnaneries, ces maladies offraient les symptômes depuis longtemps décrits ; mais, tandis que d'ordinaire elles n'atteignent qu'un nombre d'insectes plus ou moins restreint, elles présentaient ici un développement tel que des éducations entières étaient détruites dans l'espace de quelques jours. Évidemment l'action habituelle de ces maladies était favorisée par quelque circonstance qui la rendait infiniment plus redoutable que dans une situation normale. Or il me fut promptement démontré que *tous* les vers présentaient une particularité étrangère à l'affection qui, au premier abord, semblait seule les avoir frappés. Leur peau était marquée de taches noires d'une nature spéciale. Bientôt je m'aperçus qu'un grand nombre d'entre eux périssaient sans présenter d'autres symptômes que ces taches et un dépérissement graduel. Chez les mieux portants en apparence, principalement chez tous ceux qui avaient franchi la première moitié du cinquième âge et allaient faire leur cocon, je retrouvai ces mêmes stigmates. Il m'arriva plusieurs fois de passer des *heures entières* dans des chambrées dont tous les vers étaient magnifiques et promettaient la plus belle récolte, sans en trouver *un seul* complètement exempt de ce signe étrange et néfaste. Il est vrai que j'appelais la loupe au secours de mes yeux là où ceux-ci eussent été complètement insuffisants, et j'ai désolé plus d'une magnanière expérimentée en lui montrant à l'aide de l'instrument combien le mal était universel, alors qu'elle s'en croyait complètement à l'abri. Plus tard, des autopsies cent fois répétées me montrèrent cette même tache dans tous les organes, dans tous les tissus. Je la poursuivis chez la chrysalide et dans le papillon, et *partout, toujours*, elle se présenta avec des caractères identiques.

C'est dans la peau des jeunes vers qu'il est le plus facile d'étudier cette singulière altération ; mais pour en bien saisir l'origine et le développement, il est nécessaire de recourir aux plus puissantes lentilles du microscope. Ce n'est d'abord qu'une teinte jaunâtre obscurcissant légèrement la transparence hialine des tissus. Puis cette teinte se fonce et devient légèrement brunâtre ; plus tard, le brun domine de plus en plus, et bientôt toute transparence disparaît. À ce moment, le point attaqué ne montre plus qu'un petit *magma* d'un brun noirâtre, et comme charbonné. Toute trace d'organisation a disparu. Autour de ce premier noyau règne une auréole jaunâtre annonçant l'invasion des tissus voisins. En effet la tâche s'étend peu à peu, envahit et désorganise tout ce qui l'entoure jusqu'au moment où les progrès sont arrêtés soit par la mort de l'insecte, soit par une mue. À chacune de ces crises, le ver malade dépose ses tégumens tachés et reparaît avec une apparence de santé qui en a souvent imposé aux observateurs ; mais au bout de deux ou trois jours la nouvelle peau est atteinte comme la première, et ce fait suffirait à lui seul pour prouver que la tâche n'est pas un phénomène local et tient à une cause plus profonde, qu'elle est en réalité le signe d'une infection générale. Celui qui conserverait le moindre doute à ce sujet n'a d'ailleurs qu'à ouvrir quelques cadavres. Partout il retrouvera les phénomènes que je viens d'indiquer, partout il verra d'abord apparaître les points jaunâtres, premiers signes du mal ; il les verra se foncer et passer au brun. En explorant tour à tour des taches de plus en plus avancées, il en suivra de l'œil les progrès et les verra transformer de la même manière tous les éléments de l'organisme. Lames membraneuses, fibres musculaires, globules graisseux, disparaissent et se fondent en petits amas noirâtres, disséminés parfois en nombre incalculable dans le corps entier. On dirait alors que tous les organes, au dedans comme au dehors, sont saupoudrés de poivre noir. Chez le papillon surtout, et plus particulièrement autour des orifices de l'intestin et de l'ovaire, les lobules des trachées et du tissu graisseux sont durcis, hypertrophiés, et présentent l'aspect de masses cancéreuses. En un mot, quelque difficile qu'il soit de comparer les altérations pathologiques d'un insecte à celles d'un animal vertébré, le médecin peut croire avoir sous les yeux une affection gangreneuse viciant l'organisme jusque dans ses plus intimes profondeurs, tout en produisant parfois des phénomènes que l'on rapporte d'ordinaire au rachitisme. Le symptôme caractéristique de cette affection est la *tache* que je viens de décrire, et voilà pourquoi, ayant à la désigner par un nom nouveau, je l'ai baptisée de celui de *pébrine*, qui, en langage du midi, signifie *maladie du poivre*.

La marche de cette maladie est d'ailleurs lente, et sa terminaison non moins exceptionnelle que ses autres symptômes. Le ver pébriné languit et s'éteint insensiblement. Il meurt pour ainsi dire peu à peu ; son agonie est tranquille, mais très longue. J'en ai vu résister pendant deux ou trois jours ; j'en ai vu qui, pinces ou piqués de mille manières, ne faisaient plus le moindre mouvement et ne trahissaient un reste de vie que lorsque je les plongeais dans l'alcool. Enfin, une fois morts, ces vers, au lieu de se décomposer, durcissent de plus en plus et se momifient. Ils ressemblent alors assez à des muscardins que n'auraient pas envahis les efflorescences caractéristiques. Là même se trouve l'explication du silence gardé par les auteurs sur la pébrine ; ils l'ont tous confondue avec la muscardine, parce que ces deux maladies ont en commun un signe qui les sépara de toutes les autres, *la momification des cadavres*. Pourtant l'inspection microscopique ne permet pas de les confondre. Jamais le ver pébrine ne présente rien d'analogue aux filaments du champignon, véritable cause de la mort du ver muscardine.

Ainsi, à côté des maladies *locales, variables*, se montre une maladie *bien distincte, universelle, constante*. Évidemment à celle-ci seule peuvent se rattacher les phénomènes de même nature, l'épidémie et l'hérédité, qui caractérisent *partout* et *toujours* le mal actuel. Celui-ci, considéré dans son ensemble, n'est donc pas simple, comme on l'avait cru d'abord : il se compose de deux éléments, l'un fondamental, l'autre pour ainsi dire accessoire. Le premier, la pébrine, envahit en totalité les chambrées, affaiblit les vers bien longtemps avant de les tuer, et les prédispose à subir avec une facilité déplorable l'action de toutes les causes morbides, quelles qu'elles soient. Le second est le résultat de l'action de ces causes et varie avec elles. Ainsi compris, le fléau s'explique, et ses caprices apparents ne sont plus que des conséquences très logiques de sa nature. Les phénomènes les plus frappants, ceux que l'on constate aisément à l'œil nu, appartiennent aux *maladies intercurrentes*, qui viennent se greffer sur la pébrine ; mais ces maladies, dépendant d'une foule de conditions diverses, sont bien rarement les mêmes dans des lieux différents ou d'une année à l'autre dans la même localité. Chacune vient mêler son cortège de symptômes propres à ceux qui caractérisent la pébrine, et par conséquent le tableau varie constamment à certains égards, tout en restant identique sous d'autres.

Il n'y a pas seulement un intérêt scientifique à constater ces faits ; ils sont d'une importance plus grande encore au point de vue pratique. En effet, des détails que je viens de donner, il résulte que, dans une contrée atteinte par l'épidémie, *tous* les vers doivent être considérés comme malades ou sur le point de le devenir. Seulement cette maladie n'est d'abord que la pébrine, et grâce à sa marche lente, celle-ci laisse presque toujours les vers à soie vivre assez pour filer le cocon. Les chambrées atteintes seulement de pébrine donnent presqu'à coup sûr des récoltes rémunératrices. Malheureusement un ver pébrine est aussi délicat qu'un phthisique. On sait trop comment ce dernier prend une fluxion de poitrine mortelle là où l'homme sain se serait à peine enrhumé. Alors, au lieu de mourir de la *maladie fondamentale*, qui l'aurait laissé vivre peut-être encore bien des années, il est tué en quelques jours par la *maladie intercurrente*. Il en est de même des vers à soie pébrinés. Là où des vers bien portants eussent certainement fait leurs cocons, ils contractent trop souvent des affections qui s'ajoutent à la première, se développent avec une rapidité foudroyante, et détruisent parfois en deux ou trois jours, à la veille du coconnage, des chambrées de la plus belle apparence.

Ce sont les maladies intercurrentes qui donnent le coup de massue aux éducations ébranlées par la pébrine ; ce n'est point ailleurs qu'il faut chercher la cause immédiate de ces désastres imprévus et soudains dont je n'ai vu que trop d'exemples. Écarter ces maladies doit être l'objet des préoccupations constantes de tout sériciculteur. Pour atteindre ce but, une hygiène bien entendue sera presque toujours suffisante. Les règles en ont été posées depuis bien longtemps dans une foule d'ouvrages, et la commission académique des vers à soie les a rappelées dans tous ses écrits. Moi-même, je me suis efforcé de les justifier de nouveau en m'appuyant aussi bien sur les malheurs généraux du moment que sur les exceptions si frappantes, si bien faites pour encourager, que j'ai pu constater au milieu même de quelques localités des plus rudement atteintes [7]. Et pourtant, jusque dans les classes les plus éclairées de la société, ces règles ne sont ni généralement acceptées, ni même comprises par l'immense majorité des éducateurs. Partout, dans mes deux missions, j'ai eu à lutter contre les préjugés et la routine. Si quelque esprit d'élite admettait des doctrines plus justes, presque toujours je le voyais reculer devant les plus simples conséquences pratiques des principes qu'il acceptait en théorie.

Au risque de prêcher encore dans le désert, je voudrais rappeler une fois de plus aux sériciculteurs les principes fondamentaux de toute éducation de vers à soie. À vrai dire, tous ces principes peuvent se ramener à un seul, celui d'un *bon aérage*. Le ver à soie n'est autre chose qu'une chenille créée pour vivre au grand air sur un arbre. Donnez-lui donc cet air qu'elle est destinée à respirer si largement, donnez-le-lui en abondance, et parfaitement pur. N'entassez pas vos vers à soie comme vous le faites ; délitez plus souvent ; écartez de vos ateliers ces foyers imparfaits, ces brasiers méphitiques, qui versent dans l'atmosphère tous les produits de la combustion, et empoisonnent à la fois les vers et ceux qui les soignent ; remplacez-les par des poêles ou des calorifères ; distribuez avec intelligence dans le bas et dans le haut de vos magnaneries les ouvertures nécessaires pour qu'un courant d'air lent, mais incessant, balaie et emporte au dehors les émanations de toute sorte produites par ces milliers d'êtres vivants, par leurs déjections, par leurs litières ; chauffez cet air de manière à en mettre la température en harmonie avec la nature d'un insecte destiné à naître au printemps et à prolonger son existence jusqu'au cœur de l'été, et presque à coup sûr, malgré l'épidémie, vous serez payé de vos peines, vous aurez des cocons.

Malheureusement, on l'a vu, la pébrine n'est pas seulement épidémique, elle est de plus héréditaire. Toute graine pondue par un papillon pébriné est plus ou moins viciée, et ne donne naissance qu'à des vers presque universellement voués à une mort prématurée, malgré les soins les mieux entendus. Là est pour l'industrie séricicole une des grandes plaies du présent, une des grandes menaces de l'avenir. Ne pouvant plus, faute d'indications suffisantes, produire sur place, et par les procédés habituels, la graine qui leur est nécessaire, nos éducateurs ont dû chaque année recourir à l'étranger pour s'approvisionner. Ainsi a pris naissance le commerce des graines. Ce commerce, il faut le reconnaître, a rendu au pays un immense service : sans lui, la production des cocons eût été à peu près anéantie en France ; mais il a été trop souvent déshonoré par les fraudes les plus audacieuses, qu'encourageaient d'une part l'apathie inexplicable des victimes, et d'autre part la difficulté de constater le délit. Nous ne possédons pas en effet de moyen assuré pour distinguer la mauvaise graine de la bonne, celle qui est infectée de celle qui ne l'est pas. Les efforts tentés dans cette direction par MM. Vittadini et Cornalia en Lombardie, par MM. d'Arbalestier, Kaufmann et Mitifiot en France, n'ont encore produit que des résultats auxquels manque la sanction de l'expérience. Peut-être la prochaine campagne nous apportera-t-elle la solution de ce difficile problème. En attendant, la justice, privée des moyens d'investigation nécessaires, désarmée peut-être, dans certains cas, par quelque lacune de la législation, a laissé passer sans sévir bien des attentats. Et pourtant ceux-ci sont d'autant plus coupables qu'ils frappent à la fois le présent et l'avenir, l'individu et la société. Un sériciculteur qui achète de la mauvaise graine perd non-seulement l'argent qu'il débourse, mais encore celui qu'il dépensera pour une récolte frappée d'avance de stérilité ; par suite, pour alimenter ses manufactures, la France sera obligée d'aller acheter au dehors les cocons qu'elle n'aura pas produits. À ce point de vue, on peut dire que la déloyauté du commerce des graines a coûté au pays, depuis dix ans, quelques centaines de millions.

Ce commerce, fût-il resté honnête partout et toujours, ne frappe pas moins les sériciculteurs d'un impôt bien lourd, qui vient s'ajouter à leur détresse, déjà si grande. En effet, la France consommait annuellement, en temps normal, environ 33,000 kilos d'œufs de vers à soie, représentant au prix d'alors tout au plus 4 millions. De plus, dans tous les pays vraiment séricicoles, chaque éducateur faisait lui-même sa graine, qui ne lui coûtait ainsi que quelques livres de cocons. Aujourd'hui, et depuis que l'épidémie s'est répandue, il faut qu'il achète des graines au dehors et les paie argent comptant. Pour multiplier ses chances, il en prend de diverses provenances, et double ou triple l'approvisionnement qui lui serait nécessaire. Ainsi s'est accrue chaque année la consommation de la graine, dont le prix a haussé dans la même proportion. En 1858, les sériciculteurs ont acheté au moins de 55 à 60,000 kilogrammes d'oeufs, payés par eux de 26 à 28 millions. Ce chiffre égale, s'il ne le surpasse, le gain net des producteurs. Ceux-ci, considérés dans leur ensemble, ont donc travaillé pour rien, ou même à perte. Les marchands de graine seuls ont bénéficié.

Cette considération devrait suffire pour engager les sériciculteurs, à tout tenter pour se *remettre en graine*. Il en est une autre, plus sérieuse peut-être, qu'ils devraient avoir sans cesse présente à l'esprit. Chaque année, nous l'avons déjà dit, le mal envahit quelque région nouvelle ; chaque année la Turquie, l'Asie-Mineure, qui ont pour la plus forte part approvisionné nos marchés depuis quelque temps, peuvent être frappées à leur tour. Alors où irons-nous chercher ces graines que déjà nous payons si cher ? Sera-ce dans l'Inde ? Sera-ce en Chine ? Mais on assure que déjà le mal s'est montré dans ces régions, et, s'il n'y est pas encore aujourd'hui, tout amène à conclure qu'il les atteindra tôt ou tard. Faudra-t-il donc alors renoncer à la sériciculture et donner raison à ces prophètes de malheur qui ont annoncé la fin prochaine de cette industrie et se sont mis à arracher leurs mûriers ?

Dès ma première campagne, j'ai combattu ces conclusions désolantes. Dès cette époque, j'ai montré, en m'appuyant sur l'observation, sur l'expérience, que jusque dans les localités les plus éprouvées il était possible d'élever des vers capables de se reproduire pendant un nombre indéterminé de générations. Tout ce que j'ai vu en 1859 n'a fait que fortifier mes convictions. Quelque général et universel que soit le mal dans les grandes chambrées industrielles, il n'en respecte pas moins à des degrés divers les *petites éducations*. J'en ai rencontré qui, faites dans des conditions très mauvaises, s'étaient cependant maintenues pendant quatre et cinq années de suite. Le degré d'immunité dont elles jouissent est d'ailleurs presque rigoureusement en rapport direct avec leur petitesse. Il n'y a dans ce fait rien qui doive nous surprendre ; ce n'est que la manifestation chez les vers à soie d'une de ces lois générales qui régissent tous les êtres vivants, depuis les derniers animaux jusqu'à l'homme lui-même. Depuis longtemps les médecins ont placé l'encombrement, l'agglomération d'un grand nombre d'individus au nombre des causes les plus propres à accroître la mortalité. Il en est exactement de même chez nos insectes. En temps normal, toutes choses égales d'ailleurs, dans une chambrée moyenne de 250 à 300 grammes de graine, il meurt au moins un dixième de vers de plus que dans une petite chambrée de 25 à 50 grammes. En temps d'épidémie, on comprend combien cette différence doit être plus marquée.

L'impossibilité du grainage indigène n'existe, à proprement parler, que pour les éducations industrielles. En réduisant considérablement le nombre des vers, en les élevant d'une manière strictement hygiénique, souvent en leur épargnant des soins plus dangereux qu'utiles, on peut parfaitement obtenir de la bonne graine jusque dans les localités les plus violemment frappées par le fléau. C'est là ce que démontrent bien des faits recueillis par la commission de l'Académie des Sciences ; c'est là ce que mettent hors de doute les expériences si concluantes de Mme de Lapeyrouse (du Vigan). Ses vers, élevés à la turque, sur des rameaux, presque sans feu, ont admirablement prospéré en 1858 ; la graine pondue par ses papillons a parfaitement réussi en 1859, soit chez elle, soit chez les sériciculteurs qui se l'étaient partagée. Les vers hâtifs provenant de la graine obtenue dans cette dernière éducation ont permis de faire, en été et en automne, deux petites récoltes successives, qui garantissent un nouveau succès pour 1860. Que les éducateurs suivent donc l'exemple de Mme de Lapeyrouse, que chacun d'eux fasse sa *très petite éducation* de cinq à dix grammes *au plus*, exclusivement consacrée à la production des œufs ; ils pourront se passer des marchands de graine. — Je donne ce conseil avec d'autant plus de confiance que l'épidémie semble enfin perdre de sa force. Dans ma campagne de 1859, j'ai constaté des signes marqués d'amélioration relativement à 1858, et cela aux environs d'Avignon et à Cavaillon aussi bien que sur certains points des Cévennes et de l'Ardèche. Le mal paraît donc diminuer là même où il a pris naissance, et où par conséquent l'ensemble des conditions se prête le plus à son développement. On peut d'autant mieux espérer qu'il ne tardera pas à fléchir sérieusement là où il n'a été qu'importé, où les conditions générales sont manifestement meilleures. Les éleveurs de petites éducations auront donc certainement sous peu, et sans doute dès cette année, un grand avantage sur Mme de Lapeyrouse, qui opérait en 1858, au plus fort de l'épidémie.

Quant aux règles à suivre dans ces éducations, et que j'ai formulées dans un rapport spécial, elles résultent tout autant de la pratique et de l'expérience des autres que de mes propres recherches. Elles ne sont d'ailleurs ni étranges ni difficiles à suivre. On peut les ramener à deux points fondamentaux : se conformer strictement aux prescriptions de l'hygiène pendant l'élevage, reconnaître et éliminer avec soin tout ver, tout papillon impropre à donner de la bonne graine. Un simple examen à la loupe, fait par un œil un peu exercé, permet de remplir cette dernière indication. Les taches dont j'ai parlé plus haut trahiront les insectes qui transmettraient à leur postérité le germe de la maladie. L'isolement des femelles, la ponte solitaire empruntée aux procédés de M. Mitifiot, compléteront utilement cet ensemble de pratiques grâce auxquelles il est *certainement* possible à notre industrie séricicole d'échapper à l'impôt que prélève sur elle le commerce des graines et de braver les sinistres éventualités de l'avenir.

Toutefois, qu'on ne s'exagère pas le sens de mes paroles, je ne saurais garantir à quiconque suivra, même le plus strictement possible, les indications dont je parle un succès assuré et constant. Je regarde même comme inévitable un certain nombre d'échecs individuels ; mais j'ai la ferme conviction qu'ils seront en très petit nombre, et d'ailleurs il existe un moyen bien simple d'y remédier. Au lieu de rester isolés, comme ils ne sont que trop portés à le faire, que les sériciculteurs s'associent ; qu'il se forme partout de petits groupes de cinq où six propriétaires, se garantissant réciproquement leur provision d'œufs ; que chacun d'eux élève deux ou trois petites *chambrées pour graine*. La très grande majorité de ces éducations, faites avec des œufs des provenances les plus sûres, réussira certainement, et le rendement suffira, et au-delà, pour approvisionner les sociétaires. Que ces associations se multiplient, et dans peu d'années, — j'en ai la ferme conviction, — la France se sera *remise en graine*. Alors, si le fléau continue à se comporter comme toutes les épidémies, si, à mesure qu'il s'éteindra chez nous, il pèse plus lourdement sur les contrées récemment envahies, nous pourrons réparer une partie de nos pertes et faire rentrer quelques-uns des millions exportés en vendant de la graine aux pays qui nous en envoient depuis dix ans.

Puisse cette perspective secouer un peu l'étrange apathie que je n'ai que trop constatée chez l'immense majorité de nos sériciculteurs ! Puissent-ils comprendre que la crise actuelle doit leur apporter des enseignements, et qu'ils peuvent faire sortir un bien réel de ce mal sous lequel ils se laissent accabler ! Leurs méthodes d'éducation sont manifestement vicieuses ; elles ont grandement aidé à la propagation, à la persistance de l'épidémie ; elles en ont centuplé les ravages. Qu'ils y renoncent donc au plus vite ; qu'ils acceptent une bonne fois des conseils dictés, non pas seulement par une science dont ils se méfient à tort, mais avant tout par le bon sens, par la pratique, par l'expérience. Au lieu de suivre une aveugle routine et de se laisser engourdir par les malheurs qu'elle entraîne, qu'ils aillent à l'école des Berthezène, des Marès, des David de Beauregard ! Ces *praticiens* leur apprendront comment, en dépit de la pébrine et de son formidable cortège, il a été possible, pendant les dix années qui viennent de s'écouler, d'obtenir des récoltes largement rémunératrices, dans le bassin du Vigan, en pleines Cévennes, comme à Launac, au pied de la Gardiole, et à Sainte-Eulalie, au milieu des collines d'Hyères.

Pour qui saura les comprendre, ces leçons porteront des fruits immédiats. L'épidémie entre certainement dans une période de décroissance ; mais *le mal vient vite et s'en va lentement*, on doit s'attendre à des recrudescences comme on en voit en temps de choléra, et l'influence de la pébrine sera peut-être longtemps encore assez puissante pour punir cruellement quiconque transgressera les règles si simples de l'hygiène. Pour profiter du mieux relatif qui commence à poindre dans l'état sanitaire de nos chambrées, il faut accepter ces règles dans toute leur étendue, dans toutes leurs conséquences. À ceux qui agiront ainsi, je puis sûrement promettre dès à présent des récoltes qui les récompenseront de leurs efforts.

Ces leçons seront bien plus profitables encore dans l'avenir. Si elles sont entendues, on ne verra plus des insensés arracher leurs mûriers et tuer ainsi la poule aux œufs d'or, parce qu'elle se repose et cesse de pondre momentanément. L'épidémie une fois passée, ces arbres se retrouveront debout, prêts à répandre autour d'eux, comme par le passé, le bien-être et l'aisance. Instruits par les luttes actuelles, les sériciculteurs sauront mieux élever les vers à soie, et des récoltes plus abondantes et moins coûteuses répareront promptement les pertes des dix dernières années. Un moment arrêté, le développement de la sériciculture reprendra sa marche progressive. Nos belles races, bientôt reformées, retrouveront leur supériorité incontestée ; l'industrie des pépinières, de nouveau florissante, enverra ses produits dans le sud-ouest, l'ouest, le centre et jusque dans le nord de la France, et dans un demi-siècle notre pays, rivalisant enfin avec l'Italie pour la production des cocons, alimentera à peu près seul nos manufactures, de plus en plus productives.

Notes

1.   Pour esquisser cette histoire de la sériciculture, j'ai consulté principalement le travail de M. de Gasparin intitulé Essai sur l'histoire de l'Introduction du Ver à soie en Europe. Aux documents renfermés dans cet ouvrage j'ai ajouté ceux que m'ont fournis le Théâtre de l'Agriculture d'Olivier de Serres, les mémoires de l'abbé de Sauvages et divers écrits de MM. Desnoyers Rapport sur les communications faites par divers correspondons du ministère, et particulièrement sur la culture du mûrier et des vers à soie, etc., Duchartre article Mûrier dans le Dictionnaire universel des Sciences naturelles, Pauthier Résumé de l'histoire et de la civilisation chinoise, Grimaud de Caux articles publiés dans le Commerce séricicole, Pardessus Mémoire sur le Commerce de la soie chez les anciens, Grognier Recherches historiques et statistiques sur le mûrier, le ver à soie et la fabrication de la soierie, Fraissinet Guide du Magnanier, Duseigneur Maladie des vers à soie, inventaire de 1858, Cornalia Rapport de la commission de l'Institut lombard. Les renseignements oraux qu'ont bien voulu me donner Mme Vallardi, mon confrère M. Decaisne et MM. Kaufmann, Méritan, Dorrel et Nadal ont éclairci plus d'un fait de détail. Enfin M. Stanislas Julien a levé les difficultés résultant de quelques contradictions qu'on rencontre dans les auteurs qui ont écrit sur les origines de la sériciculture chinoise.

2.   Ces chiffres et la plupart de ceux que je citerai plus loin sont extraits d'un travail des plus remarquables présenté par M. Dumas à l'Académie sous le titre de Rapport fait au nom de la commission des vers à soie sur les procédés de M. André Jean. Le mérite de ce travail revient d'ailleurs tout entier au rapporteur, qui n'avait pas hésité à faire exprès le voyage de Lyon afin de recueillir sur place des documens certains.

3.   Lettre de M. Détanges au Commerce séricicole.

4.   Comptes-rendus de l'Académie des Sciences, 1857 et

1858.

5.   Duseigneur, Inventaire de 1858.

6.   Rapport de la Commission de l'Institut lombard, par M. Cornalia.

7.   Recherches sur les maladies actuelles du ver à soie.

ISBN : 978-1542988971

www.ingramcontent.com/pod-product-compliance
Lightning Source LLC
Chambersburg PA
CBHW051824170526
45167CB00005B/2150